AF316871

CIMENT VOLCANIQUE

DE L'INVENTEUR C-S HAEUSLER

SEURAT et DESCHAMPS

ENTREPRENEURS

56 bis RUE LAFAYETTE

PARIS

Téléphone
148-16

Succursale   Tel. 690-68
52 Rue d'Auteuil

{ Bureau Technique
24 Rue Lesueur   Tel. 502-09

AVIS TRÈS IMPORTANT

Comme nos imitateurs n'ont rien à donner comme références ils font visiter nos travaux et reproduisent à peu près textuellemen nos imprimés, nos dessins et vignettes, inventent au besoin des défauts, et dénaturent des dégradations commises à nos travaux malgré plusieurs jugements en concurrence déloyale : (TRIBUNAL DE COMMERCE DE LA SEINE, 22 MAI 1895 ; idem 29 AOUT 1896 ; COUR D'APPEL DE PARIS, 30 DÉCEMBRE 1896 ; idem MÊME TRIBUNAL, 8 MARS 1898 et 15 MARS 1902).

Pour ne pas être trompé, se méfier des similitudes de noms et exiger la preuve de fourniture des matériaux de *C.-S. HAEUSLER* et la justification de *CONCESSIONNAIRE* du Constructeur. La marque de fabrique ci-dessous est imprimée sur les fûts de Ciment et dans la pâte de papier ; de plus, les fûts et les rouleaux portent une étiquette orange avec cette marque de fabrique et les récompenses obtenues.

P. SEURAT & DESCHAMPS.

Entrepreneurs,
Fournisseurs du Ministère de la Guerre,
Fournisseurs des Compagnies de Chemins de Fer,
Fournisseurs de l'Assistance Publique
et des grandes Administrations de l'État.

Paris, le   1903.

Le succès persistant du Ciment volcanique C. Haeusler a fait naître
de tous côtés des imitations nombreuses ; cette raison seule consacre la
valeur de ce mode de construction et la confiance que l'on doit accorder
aux produits de l'inventeur.

Des industriels peu scrupuleux emploient tous les moyens pour faire
naître une confusion même sur notre personnalité. Nous estimons qu'il
nous suffira de vous signaler de pareils procédés pour vous fixer et en
tirer la conclusion naturelle.

Les produits de l'inventeur C.-S. HAEUSLER, **desquels nous sommes
seuls concessionnaires,** n'ont plus besoin d'être recommandés, ils sont
employés depuis plus de soixante années.

Vous trouverez dans la présente brochure les explications utiles
aux divers modes d'emploi, quelques vues intéressantes et de nombreuses
références.

L'expérience que nous avons acquise, les applications multiples que
nous avons exécutées, vous sont un sûr garant des conditions de sécurité
que vous pourrez avoir en nous.

Nous serons à votre disposition pour tous devis, études et travaux
préparatoires.

Enfin, pour répondre à ceux qui ne craignent pas de faire intervenir
la question de nationalité, nous vous donnons l'assurance que tous les
matériaux employés sortent de notre usine de Billancourt, près Paris.

Nous vous prions d'agréer, Monsieur, nos civilités les plus
empressées.

P. SEURAT & DESCHAMPS.

NOTE

SUR LA

COUVERTURE EN CIMENT VOLCANIQUE C.-S. HAEUSLER

Ce mode de couverture est destiné à donner l'étanchéité absolue à des surfaces sensiblement horizontales (pente de 0,01 à 0,05 par mètre).

Elle est obtenue par l'application d'une sorte de tapis sur la surface à couvrir.

Ce tapis est établi de telle façon qu'il n'a aucune adhérence avec l'aire sur laquelle il est étendu, afin de ne pas subir les effets des mouvements possibles du bâtiment à couvrir.

Il est imperméable, imputrescible, élastique et composé de manière à ne pas perdre ses qualités d'élasticité dans les limites des températures extrêmes de nos pays.

Il se compose de papier et de ciment volcanique.

Le papier est un papier spécial étudié pour assurer l'absorption du ciment volcanique proprement dit, lequel est appliqué à chaud sur ce papier.

Suivant les cas, trois ou quatre couches successives de papier, collées, l'une à l'autre par le produit lui-même, constituent dans leur ensemble le tapis protecteur.

Le ciment volcanique est un mélange de goudron, de graisse, de corps vulcanisés, fait dans des proportions étudiées par l'inventeur pour assurer au produit cette élasticité permanente qui est la condition essentielle de durée et de sécurité.

Malgré l'analyse, la reconstitution exacte du produit ne peut se faire, tout résidant dans le tour de mains donné par la fabrication.

Une expérience de soixante-cinq ans, en Autriche, Allemagne, Suisse, Russie, Suède et Norwège, a prouvé d'une manière absolue la valeur de ce mode de couverture.

En France, les premiers essais datent de quinze ans.

Le travail de couverture ou chape est exécuté sur place, afin de le protéger efficacement contre les accidents extérieurs, il est recouvert d'une couche de sable fin de 3 centimètres et ensuite d'une couche de gravier de 5 centimètres, destiné à le fixer sur le sable.

Lorsque la terrasse étanche ainsi obtenue, doit être utilisée comme lieu de séjour et de passage, le gravier peut être, sans inconvénient, remplacé par un béton maigre sur lequel pourra être appliquée toute espèce de dallage en ciment, asphalte, carreaux terre cuite ou céramique, mosaïque, pavage, etc.

Il y a lieu d'appeler l'attention sur les raccords et les bordures métalliques, qui doivent être établis de telle manière qu'il n'y ait aucune solution de continuité pouvant créer des infiltrations d'eau.

Ces dispositifs sont entièrement du ressort de l'entrepreneur et donnent pour chaque cas spécial, lieu à une étude particulière et à une solution rationnelle.

Ces dispositifs ont leur importance dans le résultat final, mais sont indépendants de la valeur du système par lui-même.

Les matériaux C.-S Haeusler, par suite des résultats obtenus en couverture, ont donné lieu à quantité d'applications diverses, chaque fois qu'une étanchéité parfaite était nécessaire.

Nous les résumerons et consacrerons des brochures particulières aux divers modes d'emplois :

Couvertures de maisons de rapport, bâtiments industriels, usines, hangars, magasins, celliers, chais, glacières, entrepôts, laboratoires, brasseries, ateliers de photographie, terrasses, balcons.

Chapes sous dallages, écuries.

Chapes de ponts, viaducs, aqueducs, radiers d'égoûts, réservoirs, terrassons de salles de bains, d'hydrothérapie ou de w. c.

Enduits sur murs, neufs ou vieux, sols de caves ou sous-sols, etc.

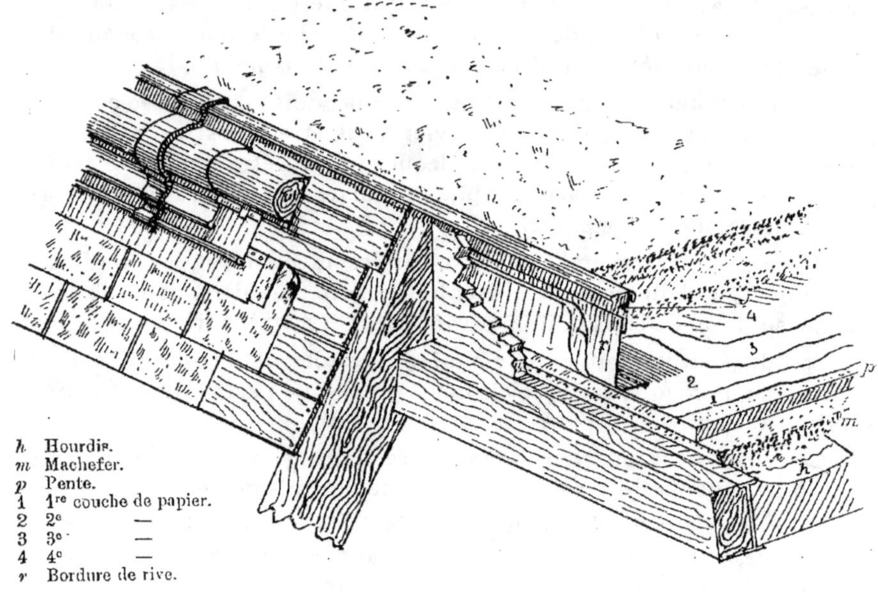

h Hourdis.
m Machefer.
p Pente.
1 1re couche de papier.
2 2e   —
3 3e   —
4 4e   —
r Bordure de rive.

MODE DE RACCORDEMENT AVEC PLANCHE DE RIVE & CONTREPENTE

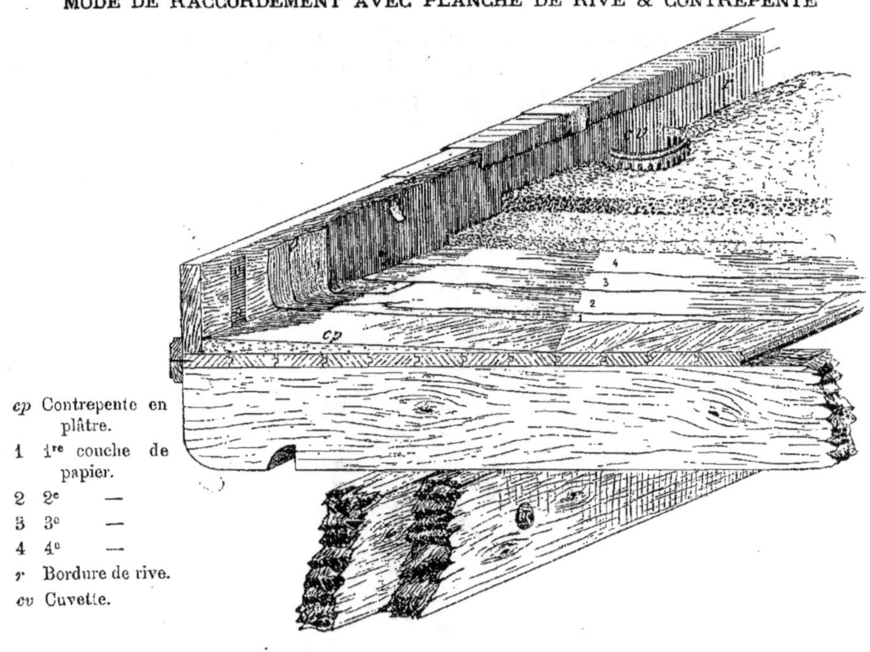

cp Contrepente en plâtre.
1   1re couche de papier.
2   2e   —
3   3e   —
4   4e   —
r   Bordure de rive.
cv Cuvette.

BRISIS AVEC BORDURE D'ÉGOUT

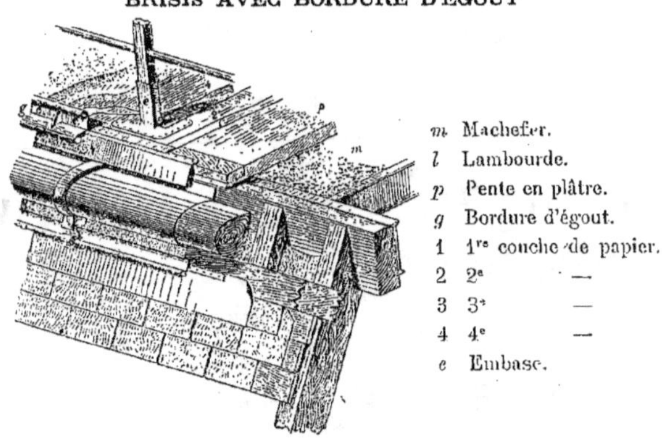

CHENEAU EN FONTE & BORDURE D'ÉGOUT SUR SABLIÈRE EN FER

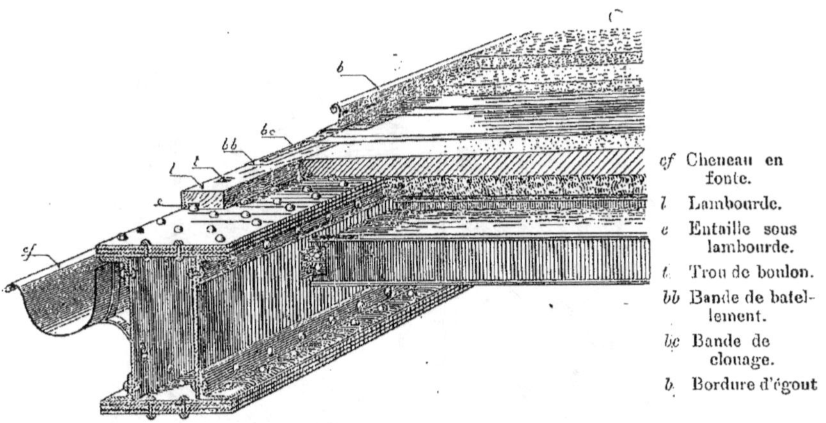

COUVERTURE DE BALCON AVEC GOUTTIÈRE A L'ANGLAISE & DEVANT DE SOCLE

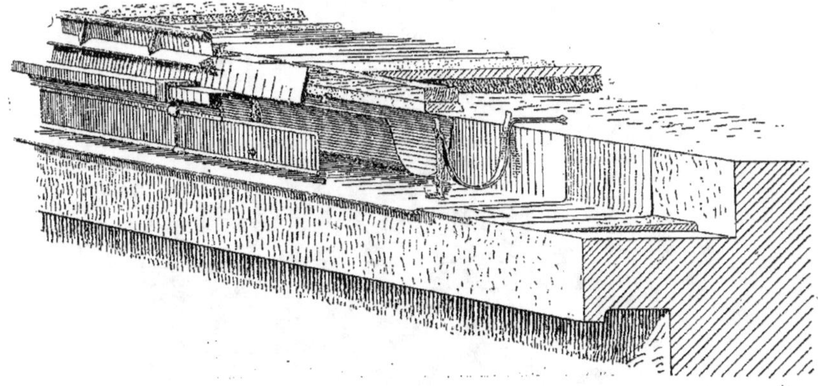

RACCORDEMENT DE SEUIL

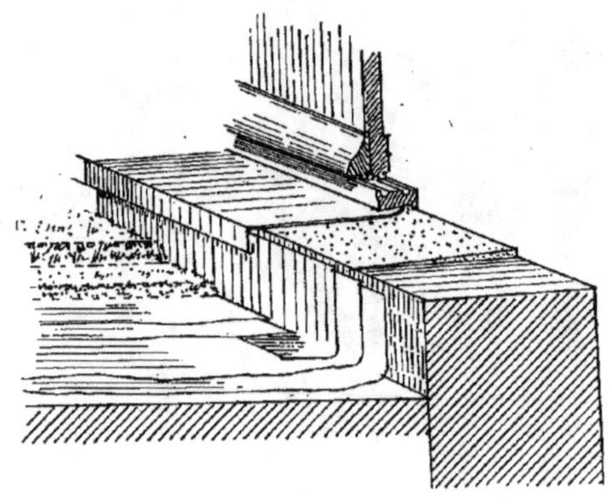

RACCORDEMENT CONTRE BAHUT

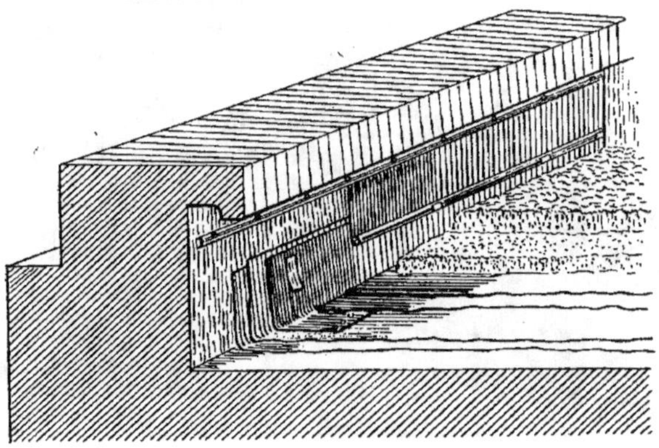

MODE DE VENTILATION

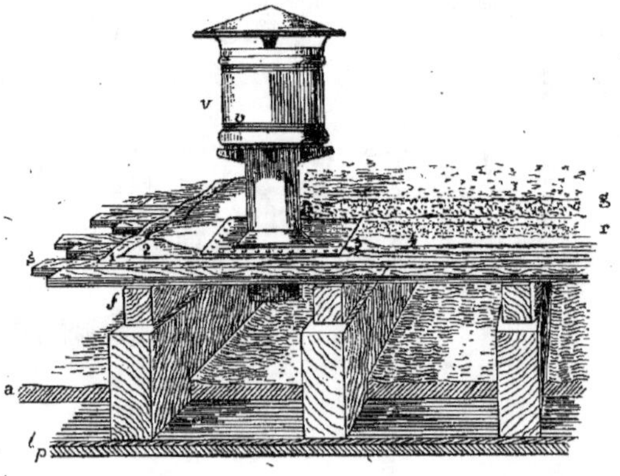

RACCORDEMENT D'UN MONTANT DE BALCON

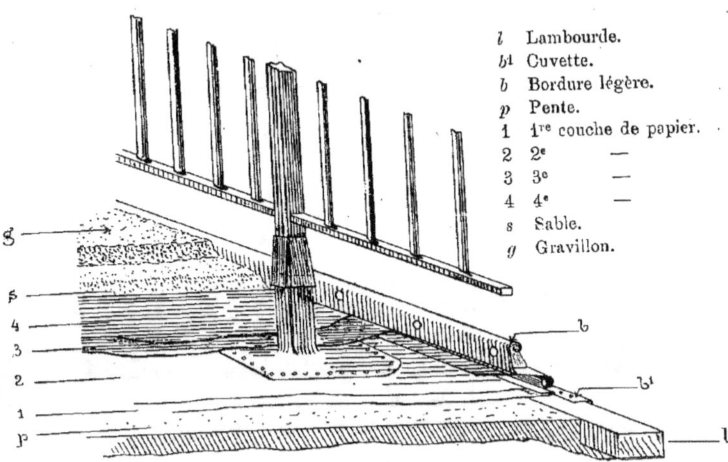

RACCORD D'UN POTEAU

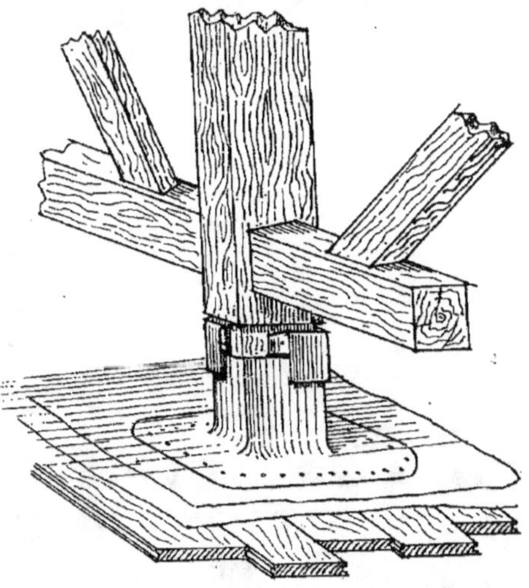

CUVETTES DIVERSES

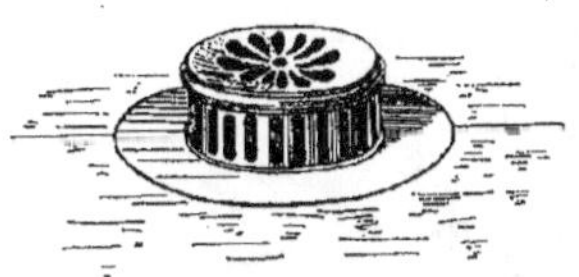

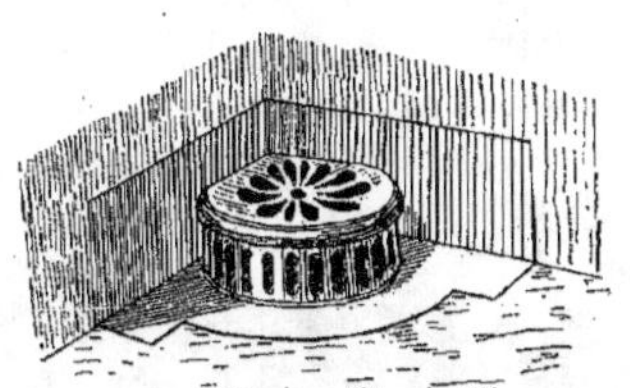

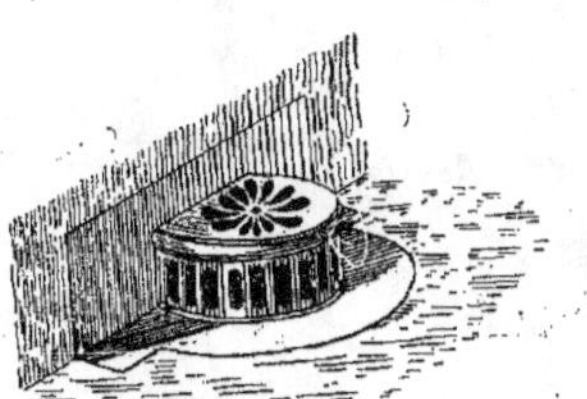

Terrasse de l'AUTOMOBILE-CLUB, 6, place de la Concorde, Paris.

M. RIVES, Architecte.

(Clichés Barenne) Pavillon du PESAGE à Longchamp.

M. COURTOIS, Architec

ENTREPOT RÉEL DES SUCRES, à Dunkerque.
Élévation   M. FRIESÉ, Architecte.

(Clichés Barenne)

IMMEUBLE, 4, Rue de Valois.
MM. COULOMB et CHAUVET, Architectes.

Usine du **MÉTROPOLITAIN**.
Terrasse sur la salle des machines.   M. FRIESÉ, Architect

Clichés Barenne)   Usine du **MÉTROPOLITAIN**, Quai de la Rapée, Paris.
Terrasse sur générateurs et soutes.   M. FRIESÉ, Archite

Établissements DAYDÉ & PILLÉ, à Creil.   M. SALARD, Architecte.

(Clichés Baranne)   IMMEUBLES, 6 et 8, Rue Alphonse-Daudet.   M. ROBINEAU, Architecte.

RÉSUMÉ DES AVANTAGES

de la Toiture en Ciment Volcanique

1° **Maçonnerie.** — Economie sur la hauteur des murs mitoyens, pignons et murs de fond, ceux-ci pouvant être arrêtés au niveau du dernier plancher. Les souches de cheminées peuvent également bénéficier de cette réduction de hauteur. Dans le cas d'application sur plancher en bois, l'on peut également faire l'économie du plafond et de son lattis, de même que de l'aire en plâtre posée généralement sur bardeau.

2° **Charpente.** — Suppression de toute la charpente de comble au-dessus du dernier plancher, sablières, fermes et toutes les pièces qui en dépendent ; pannes, chevrons, voliges ou liteaux.

3° **Couverture.** — Réduction considérable de la surface couverte, puisque celle-ci est ramenée à celle de la construction, alors, qu'au contraire, l'emploi du zinc, avec son développement, l'élève de plus d'un quart et même d'un tiers ; et celui de la tuile ou de l'ardoise, d'un tiers et parfois de la moitié, suivant la pente donnée à la couverture.

De plus, le système de couverture en ciment volcanique permet, dans la plupart des cas, la suppression des gouttières ou chéneaux, ce qui constitue déjà une économie des plus appréciables, sans parler des frais d'entretien qui disparaissent du même coup, en même temps que des inondations résultant souvent d'engorgements. Il permet aussi de prendre des dispositions telles, que l'on arrive généralement à supprimer les descentes pluviales spéciales pour n'utiliser, seulement, que les chutes ou descentes ménagères que l'on ne peut se dispenser de poser dans les maisons de rapport.

4° **Entretien.** — Des applications de cette couverture, remontant à plus de 30 ans, sans jamais avoir donné lieu à la moindre réparation, permettent de la considérer comme d'une durée indéfinie et qu'aucune autre ne peut lui être comparée.

En effet, il n'est pas de couverture en zinc, tuiles ou ardoises, qui aille au-delà de 20 ou 25 ans et, encore, à la condition qu'il en soit fait un entretien des plus onéreux, lequel commence généralement vers la dixième année et va sans cesse en augmentant jusqu'au jour où la réfection totale s'impose.

C'est donc un avantage de plus qui ressort en faveur du *Ciment Volcanique*.

5° **Température.** — Dans l'intérieur des pièces se trouvant immédiatement en dessous d'une couverture en *Ciment Volcanique*, la température est constante et des plus agréables.

La couche de sable et de gravillon, ou bien encore de terre, gazon, etc., constitue un des meilleurs isolants qui soient ; la preuve la plus convaincante en est en ce sens que maintes fois, nous avons été appelés à remplacer des couvertures en zinc ou en plomb au-dessus d'ateliers, bureaux ou logements dans lesquels on avait à se plaindre de la chaleur en été et du froid en hiver. Ces remplacements ont été faits par des couvertures de notre système, et ce, à la plus entière satisfaction de nos clients : architectes propriétaires et locataires.

6° **Immunité** des variations atmosphériques, cyclones, ouragans, pluies, grêle neige et vents.

Les applications du *Ciment Volcanique* se font indifféremment en pays chauds, tempérés ou froids.

A l'appui de ce que nous avançons, il nous suffira de dire que des applications ont été faites avec un égal succès en France, Espagne, Algérie, Tunisie, Maroc, Egypte, Brésil, Mexique, Suisse, Allemagne, Russie, Sibérie, Tonkin, etc.

L'expérience a démontré qu'à l'encontre des autres couvertures qui, toutes, ont eu plus ou moins à souffrir des cyclones, ouragans, orages, pluies, grêles ou vents, la couverture en *Ciment Volcanique* n'offre pas la moindre prise à aucun de ces éléments.

7° **Diversité d'emploi.** — Elle convient par excellence à tous les genres d'édifices et doit être recommandée aussi bien pour la construction de plaisance que pour la maison de rapport, bâtiments industriels, usines, hangars, magasins, celliers, chais, glacières, entrepôts, laboratoires, brasseries, ateliers de photographie, écuries, terrasses, balcons, chapes de ponts, viaducs, aqueducs, radiers d'égouts, bassins, terrassons de salles de bains, d'hydrothérapie ou de W. C., chapes sous dallages de cours, en un mot toute espèce de construction partielle ou totale où besoin est d'assurer une parfaite étanchéité.

8° **Utilisation** de la couverture.

Un des plus précieux avantages de cette couverture est assurément de pouvoir en utiliser la surface, avantage que n'offre aucun des autres systèmes.

En effet, dans la construction de plaisance, rien n'est plus facile que de transformer en un véritable jardin la partie couverte en terrasse, on retrouve ainsi une surface qui serait perdue en tout autre cas. Une application bien conçue et bien étudiée permet à l'esprit le plus fantaisiste de se donner libre cours et d'obtenir d'une terrasse le même aspect et la même illusion que si l'on se trouvait en terre-plein.

Il n'en est pas de meilleur exemple à signaler que l'application faite sur l'hôtel de l'Automobile-Club, et l'on croirait rêver lorsque l'on vous dit que cette terrasse est située au sixième étage.

Dans la construction industrielle, les emplois en sont multiples, ainsi qu'il est dit d'autre part.

9° **Incombustibilité.** — La couverture en *Ciment Volcanique*, par sa construction même est reconnue par toutes les Compagnies d'assurances contre l'incendie et par les personnes compétentes, comme toiture incombustible de premier ordre, parce que le recouvrement de gravier ou de gazon la garantit contre les étincelles volant dans l'air, et que lors d'un incendie dans le bâtiment même, elle offre par sa fermeture hermétique interceptant complètement le tirage de l'air (qui dans toute autre toiture l'active), la plus grande résistance contre les progrès du feu et étouffe les flammes ; par son ascension facile, elle procure une position exceptionnellement commode et pratique pour combattre le plus efficacement possible les incendies voisins. Elle est assimilée aux couvertures en tuiles, zinc ou ardoises, et le taux de l'assurance est calculé au même prix que pour ces diverses catégories.

10° **Nature des planchers** pouvant recevoir la couverture en *Ciment Volcanique*.

Les applications se font indifféremment sur plancher en bois avec parquet sapin raîné, planchers en fer hourdés pleins avec pente en plâtre, chaux ou ciment et sur planchers en ciment armé.

LISTE DE QUELQUES RÉFÉRENCES ANCIENNES

ARCHITECTES	PROPRIÉTAIRES	NATURE DES TRAVAUX	SURFACES
MM.			*Mètres*
Andrieu Cottereaux et Lafontan........	Deselles, 128, avenue d'Orléans.......	Deux terrasses....................	»
— —	Desanges, rue Ferrus............	Une terrasse....................	»
— —	Kretz, 98, avenue d'Orléans..........	—	»
— —	Montazeau, avenue d'Orléans.........	Deux terrasses....................	»
Astruc............	Société immobilière de la Cité, 15, rue des Ursins....................	Une terrasse...	»
—	Astruc, 4, rue de l'Orphelinat, à Meudon	Deux terrasses....................	»
—	Couvent des Oiseaux, 86, rue de Sèvres.	Une terrasse....................	115
—	Église (N.-D. de Plaisance)............	—	»
—	Mollier, 6, rue Benouville............	—	»
Baboin............	Dangleterre, Grand-Montrouge	—	190
—	Cathelin, Grand-Montrouge............	—	»
—	Mairie de Montrouge............	—	160
Barbaud et Bauhain..	Jeanselme, 13, rue des Arquebusiers..	Ateliers d'imprimerie............	120
—	Jeanselme, 17, rue des Arquebusiers..	Magasin à bois............	»
Bernardac............	Petit, Maisons-Laffitte............	Deux terrasses....................	»
H. Blanché............	Société des Glacières de Paris, 39, quai de Grenelle	Magasins de réserve de glace	200
—	Crèche de Meudon....................	Couverture de dortoirs	110
—	H. Blanché, à Meudon............	Terrasse d'agrément............	»
Boileau............	Boileau, à Bagneux............	—	»
—	Perret, 21, avenue de Saxe............	Terrasse-jardin sur écuries............	130
Bonnard............	Bonnard, à Brunoy............	Une terrasse............	»
Bosshard............	Petite Famille, au Raincy............	Deux terrasses............	»
Bourchani............	Bourchani, à Etiolles (Seine-et-Oise)..	—	161
—	Pellerin, à Malaunay (Seine-Inférieure)	Trois terrasses............	2.9
Camut............	Banque de Paris et des Pays-Bas, rue d'Antin	Une terrasse............	»
Chabert............	Borel, au Vésinet............	—	»
W. Chabrol............	W. Chabrol, 13, rue Téhéran, au Vésinet	Deux terrasses............	»
Chaffard............	Guilloud, à Carrière-Saint-Denis......	—	»
Chailleux............	Œuvre d'Auteuil, 40, rue Lafontaine..	Terrasse au-dessus des nouveaux dortoirs et ateliers............	790
—	Institut normal, 12, rue Saint-Benoît..	Terrasse-Jardin sur la nouvelle chapelle, couverture d'un passage vitré et pavillon...	180
—	Divers....................	Couverture de bâtiments de rapport et terrasses d'agrément	460
Chesnay............	Cérémonie, à Suresnes	Une terrasse............	194
Chevrel et Randon de Groslier........	Huré, 97, quai de Valmy............	Couverture d'un hangar	527
— —	Hollande, 56, rue de Charonne........	Une terrasse............	»
— —	Divers.	—	»
Cin-Trat............	Mme Durand, 5, rue des Gobelins....	Terrasse-séchoir pour lavoir............	360
—	Goüin, au château de Royaumont.....	Couverture du château............	245
—	Divers....................	Maisons de rapport et terrasses diverses	190
Colvée............	Menard, 27, rue de Longchamp........	Une terrasse............	450
Coulomb et Chauvet.	Tabary, 53, boul. Garibaldi et av. de Saxe	Terrasse-Jardin sur maison de rapport	350
—	4, rue de Valois............	— — —	235
—	Vicomte de Revières, au château de Champonlet (Yonne)............	Une terrasse............	»
—	Coulomb, 6, rue de la Ferme, à Neuilly	Terrasse au-dessus de l'écurie........	150
—	Divers....	Terrasses............	»
Danest............	Quelle, 48, rue de l'Arbre-Sec.........	Remplacement d'un comble en zinc par une terrasse en ciment volcanique utilisée pour le battage des fourrures	»
—	Seyffert, 93, rue Montorgueil	Remplacement d'une terrasse en plomb	»
—	Divers....................	Bâtiments de rapport et applications diverses............	16
Dardant............	Hersan et Cormier, 45, rue Chaillot..	Deux terrasses............	21
Delalez et Bourgeois.	Comtesse de Néverlée, château de la Brûlerie, à Douchy	Une terrasse............	»
Droit et Card........	Picot, carrières Saint-Denis............	—	»
—	Williams, 14, rue Piccini............	—	»
Destailleur............	Mme la comtesse de Béarn, avenue Bosquet....................	Toitures, terrasses, chapes............	12
—	Château de Trévarez, à Rosporden (Finistère)....................	Terrasses au-dessus des cuisines, caniveaux, etc....................	87
Dubuisson............	Compagnie Royale Asturienne, 50 ter, rue de Malte............	Remplacement d'un terrasson en zinc par un terrasson en ciment volcanique	
—	Dito, 50 ter, rue de Malte............	Une terrasse............	

ARCHITECTES	PROPRIÉTAIRES	NATURE DES TRAVAUX	SURFACES
			Mètres
MM.			
Dufour	Mangin, 102, rue d'Erlanger	Deux terrasses	»
Dupuis	Caserne Mouffetard, place Monge	Chape	»
E. Duval	E. Duval, 23, avenue Laumière	Bâtiment de rapport	278
—	— 21, —	—	278
—	— 15, —	Bâtiment de rapport	146
—	— 13, —	—	146
—	Divers	Autres bâtiments de rapport et terrasses diverses	2.000
Eck	Dr Redon, à Villennes	Terrasse d'agrément et couverture de pavillons	115
Ernest	Presbytère de Vierzy	Une terrasse	»
Ewald	Compagnie l'Union, 9, place Vendôme	Terrasse isolante sur bureaux et couverture de bas-côtés avec châssis en verre-dalle	315
Faubin	Frères Saint-Jean-de-Dieu, au Croisic	Couverture des nouveaux bâtiments du Sanatorium	1.185
Forgeot	Rosier, à Bourg-la-Reine	Une terrasse	116
Friesé	Compagnie parisienne de l'air comprimé, quai Jemmapes	Chapes sur planchers supportant les groupes de générateurs au-dessus de la salle des machines et des dynamos	1.330
—	Métropolitain de Paris, quai de la Râpée	Couverture des bâtiments des machines, générateurs, soutes et bureaux	8 500
—	Cie des Omnibus, 78, rue de Lagny, à Montreuil	Couverture des bâtiments des machines, générateurs, soutes et bureaux	2.180
—	Société du Triphasé, à Asnières	Couverture des salles des machines, bâtiment des générateurs et des soutes, bâtiment des épurateurs et des pompes, bureaux et annexes diverses	20.000
—	Chambre de commerce de Dunkerque	Entrepôt des laines	6.000
—	—	Deux entrepôts des sucres	12.000
—	Cie des Tramways d'Armentières	Bâtiment des machines	407
—	Springer et Cie, à Ris-Orangis	Couverture de la malterie et bâtiments divers	1.744
—	Divers	Maisons de rapport, terrasses, balcons et divers bâtiments industriels	3.500
—	Schneider et Cie, Usine de Champagne-sur-Seine (Seine-et-Marne)		16.000
Garot	Mme d'Angerville, 68, rue Caumartin	Bâtiment de rapport	210
—	Décujis et Tirveillot, 193, rue du Château-des-Rentiers	Hangar	900
—	Divers	Maisons de rapport et bâtiments industriels	4.500
Gaucher	Godet, 114, rue de la Boëtie	Une terrasse	»
Gallier	Rossignol, à Gennevilliers	—	125
Gelin	Brault, 4, rue Bardinet	—	»
Georges	Georges, à Orsay	—	»
Gerdolle	Delondre, 20, rue des Juifs	Terrasse	»
—	Auger, 6, rue du Département	Remplacement de 2 combles en tuile de Bourgogne par 2 terrasses	140
—	Patronage d'Auteuil, 7, avenue de la Frillière	Une terrasse	»
Gerhard	Conservatoire des Arts-et-Métiers	—	»
Giboz	Mercier, à Asnières	—	»
Ch. Girault	Ville de Paris	Chape sur radier de bassin en ciment	110
—	De Choudens, 21, rue Blanche	Une terrasse	135
Goëmans	Claude, 25, rue Dareau	—	225
Gombert	Lelorieux, à Neuilly	—	»
—	Tribout, 175, rue La Fayette	—	106
Gonnet	Patronage Sainte-Agnès, 60, avenue Parmentier	—	184
—	Sacristie de Montigny	—	»
—	Sauvage, 138, rue du Chemin-Vert	—	»
Goris	Divers	Applications diverses	2.000
Gravereaux et Judlin	Panhard et Levassor, 19, avenue d'Ivry	Couverture d'ateliers et bureaux	600
— —	Grandin, 2, rue Riquet	Maison de rapport	150
Guillemin	Héritiers Charaudeaux, 18, r. de l'Arcade	Une terrasse	»
H. Guimard	Veuve Fournier, Castel Béranger	Trois terrasses	»
—	Roy, 81, boulevard Suchet	Terrasse	»
—	Nogues, au Vésinet	—	»
—	Divers	Terrasses diverses	250
Hazard	Hazard, à Viroflay	Une terrasse	»
J. Hermant	Classes Laborieuses, 85-87, faubourg Saint-Martin	Couverture des nouveaux agrandissements sur planchers en ciment armé	1.207
—	Banque spéciale des valeurs industrielles, rue Réaumur	Couverture du terrasson supérieur sur plancher en ciment armé	440
—	Etablissemts Bottiaux et Cie, à Levallois	Deux terrasses	171
—	Paris-Automobile, 48, rue d'Anjou	Trois —	986
Homberg	Plantel, 28, rue Hamelin	Une terrasse	»
Houel	Bernard Lévy, à Vaucresson	—	»

ARCHITECTES	PROPRIÉTAIRES	NATURE DES TRAVAUX	SURFACES (Mètres)
MM. P. Humbert	Mme de Verneaux, 90, boulevard de la Tour-Maubourg	Terrasse	»
—	de Bourbon-Lignières, 66, rue Boissière	—	»
—	Pensionnat de la Mère de Dieu, 16, rue de la Ville-l'Evêque	Terrasse sur plancher en verre-dalle	»
—	Divers	Autres applications	1.000
Jandelle Ramier	Pichon, à Nogent-sur-Marne	Deux terrasses	»
—	Lejeune, 28, rue des Batignolles	Une terrasse	»
Joanny Bernard	Juge, à Asnières	—	»
Jolivet	Laignel, 64, avenue Choisy	—	»
Just et Denis	Jougounoux, à Charenton	Terrasse sur bâtiment de rapport	105
—	Hamel, à Combes-la-Ville	—	528
—	Divers	—	»
A. Lacau	Guerreau, 8, passage des Deux-Sœurs	Couverture de bureaux	1.000
—	Maréorama Hugo d'Alési	Toiture-terrasse restaurant	800
Landry	Heuzey, 85, boulevard Suchet	Terrasse-jardin sur hôtel particulier	115
Latapy	Maller, 171, avenue de Clichy	Maison de rapport	145
—	de Monbel, 37, rue La Boëtie	Trois terrasses	»
—	Société civile des Buttes-Chaumont, 87, rue Secrétan	Deux terrasses sur cour	
—	Divers	Terrasses diverses	
Lebègue	Hôtel rue de la Faisanderie	—	
A. Leclerc	Guendet, 9, rue Ganneron	Terrasse sur atelier d'artiste	10
—	Chapelle, 15, rue Philippe-de-Girard	Terrasse	14
—	Berlin, à Epinay-sur-Orge	—	
—	Ecole libre, 20, rue du Terrage	Couverture des classes	22
—	Divers	—	1.50[cut]
Leneveu	Clément, quai Michelet, à Levallois	Bâtiments d'administration et bureaux	1.3[cut]
Leroy	Divers	—	
Letailleur	Commune du Pré-St-Gervais à Pantin	Deux terrasses	
A. Marcel fils	Divers	Applications diverses	2.0[cut]
Marchand	Laforest, 45, rue du Surmelin	Toiture-terrasse utilisée pour le séchage des plumes	1[cut]
—	Billault, à Villeneuve-le-Roy	Deux terrasses	
Marguelon et Grenier	Foulon et Quentin, 20, rue Malher	—	
Marie et Faucou	M. l'abbé Milliard, La Frette-Montigny	Une terrasse	
Masson-Détourbet	Choumert, 35, avenue d'Eylau	Maison de rapport	17[cut]
—	Gobron, 147, rue de Longchamp	Toiture et terrasse d'agrément	10[cut]
—	Mauffroy, 28, rue Sedaine	Couverture d'atelier	
—	Masson, à Chambly	Terrasse	
Maugery	Lepelletier, à Carentan	Couverture d'une laiterie et beurrerie	3[cut]
Mesnard	Girard, à Juval (Somme)	Deux terrasses	
Ch. Mewes	Porgès, château de Rochefort-en-Yvelines	Terrasse sur sous-sol, caves et chapes sur extrados de voûte supportant les marches du perron	6[cut]
Morel	Sœurs Saint-André, à Saint-Maur	Une terrasse	
Morize	Divers	Applications diverses	
Mourzelas	Clignon Febvre, à Boulogne	Une terrasse	
Muscat	Divers	—	
Naulet	Veuve Poujol, à Issy	—	1[cut]
Niermans	Audran, au Bois-de-Boulogne	—	
—	Baudrand, 12, rue Meynadier	—	1[cut]
Nodet	Divers	—	
Noël	Chiris, 1, rue de Lubeck	Toiture terrasse	
—	Château du Breuil (Seine-et-Marne)	Trois terrasses	4[cut]
—	Thome, rue Bizet	Une terrasse	1[cut]
Ourdouillé	Heim, angle rue Magenta, à Asnières	Couverture de dortoirs	9[cut]
E. Petit	Vve Ernotte, rue Verdier, à Montrouge	Maison de rapport	2[cut]
—	Divers	—	
Pichon	Marquise de Cortès, au Vésinet	Une terrasse	
Pinat	Lejeune-Laroze, passage Landrier	—	
Raban	Divers	—	
G. Renaud	Maison d'éducation de la Légion d'honneur, à Saint-Denis	Nouvelles classes et dortoirs, sur planchers en ciment armé	
P.-L. Renaud	Holtzer, 19, rue de la Faisanderie	Remise à automobiles	
—	Vivarez, à Thun	Terrasse balcon sur parquet et couverture sur plancher en fer	
—	Divers	—	
Renault	Born, 73, rue Jacques-Dulud, à Neuilly	Une terrasse	
Raimbert	Divers	—	
Risler	Doucet, à Neuilly-sur-Seine	—	
G. Rives	Automobile-Club, 6, place de la Concorde	Terrasse d'agrément avec jardin et bassin	
—	Automobile-Club	Chapes sous le carrelage des cuisines, offices, laverie, etc	
—	Dufayel, 6, rue de la Nation	Chapes sous carrelage de W.-C., urinoirs et lavabos	
—	Dufayel, 6, rue Clignancourt	Chape pour écuries	2[cut]

Paris.—Imp. Gamichon Frères et Bisschop.

ARCHITECTES	PROPRIÉTAIRES	NATURE DES TRAVAUX	SURFACES
			Mètres
MM.			
Robineau	Divers		»
Rochet	Assistance publique :		
—	Hôpital Lariboisière	Couverture des nouvelles salles d'opérations, salles d'attente, etc.	300
—	Hôpital Broca	Couverture des nouvelles salles d'opération, salles d'attente, etc.	»
—	Académie de Médecine, 16, rue Bonaparte	Trois terrasses	105
Simard	Daydé et Pillé, à Creil	Couverture des bâtiments des machines, ateliers, bureaux, etc., en shoods et en terrasses	2.830
Silvan	Pensionnat de Saint-Charles, 190, rue Lafayette	Une terrasse	»
—	Guibert, 83, rue de la Tour	—	»
—	Witcomb, 24, av. du Bois-de-Boulogne	Deux terrasses	»
E. Sanson	Bischoffsheim, 10, rue Nitot	Terrasson au-dess. de voûte du porche	»
—	17, rue Nitot	Couvert. des communs, écuries, remises	350
—	Poiret, à Chantilly	Terrasse	»
—	Vallon, à Chantilly	Deux terrasses	»
—	Saint-Valéry-sur-Somme	Terrasse	»
—	Duc de Montellano, à Madrid	Couverture de l'hôtel, couverture des communs, écuries et remises	448
—	De Broglie, rue de Solférino	Une terrasse	289
—	Schneider, 34, cours la Reine	—	»
—	Prince de Broglie, 10, rue Solférino	—	289
—	Hôtel Lebaudy, avenue de l'Alma	Terrasse	150
—	Société Philanthropique, av. du Maine		»
Saulier	Pierlat, à Ivry-sur-Seine	Une terrasse	»
Schmidt	Carter, à Chantilly	—	»
X. Schœllkopf	Sanchez de Larragoity, 4, aven. d'Iéna	Terrasse-jardin sur écuries et remises	440
Service du génie	État	Casernes et bâtiments divers (Reims, Algérie, Tunisie)	»
—	— Manutention, quai de Billy	Toiture-terrasse	»
—	— Service géographique de l'armée, 140, rue de Grenelle	Toiture-terrasse utilisée pʳ photographie	»
—	— Hôpital militaire du Val-de-Grâce	Terrassons de salles de bains, W.-C., urinoirs, lavabos, etc.	»
—	— Caserne Mouffetard	Terrassons de W.-C. et lavabos	»
—	Divers	Terrasses diverses	»
Sibien	École Bossuet, 57, rue Madame	Deux terrasses	139
Simon	Motheau, à Thorigny	Une terrasse	»
Simonnet	Simonnet, 62, rue Boursault	—	»
Toudoire	Compagnie des chemins de fer P.-L.-M., 150, rue Saussure	Couverture et chape sur sous-sol de cour	310
—	Cⁱᵉ P.-L.-M., 88, rue Saint-Lazare	Deux terrasses	»
—	— à Villeneuve-Triage	Couverture d'une halte-abri sur parquet apparent	140
Tournefort	Rousselier, à Maisons-Laffitte	Une terrasse	»
E. Toutain	Danzer, 8, villa Molitor	Terrasse sur jardin d'hiver	»
—	—	Terrasse sur cuisine	»
—	—	Revêtemᵗ de mur de salle d'hydrothérap	»
—	Dumien, 7, villa Molitor	Toiture terrasse	»
Touzet	Delacroix, aux Côteaux de Saint-Cloud	Une terrasse	138
Tropey Bailly	Divers		»
Trinquesse	R.-P. Carmes, 53, rue de la Pompe	Deux terrasses	»
—	Mˡˡᵉˢ Rorke, 36, rue Desrennaudes	Terrasse sur chapelle	»
Ulmann	Klotz, 9, rue de Tilsitt	Revêtem. sur murs de salle d'hydrothér	»
—	—	Terrasse du jardin	»
—	Singer, au château du Chemin	Terrasses et couvertures	460
Vaudremer	Église d'Auteuil	Remplacement de chéneaux en plomb	»
—	Petites Sœurs d. pauvr., 28, r. Varize	Terrasse sur fumoir	»
Vernier	Brasserie de l'Espérance, à Ivry-Port	Couverture des magasins de réserve et salles de soutirage	750
Viraut	Divers		»
	Établissement du Bon-Sauveur (asile d'aliénés, à Albi (Tarn)		2.500
	Grandes brasseries de Maxéville		4.500
	— de Champigneulles		3.000
	Glacières de l'Est, Nancy et Reims		3.500
	Fabrique de chaussures Spire, Nancy		1.500
Divers	Usine électrique Fabius-Henrion, à Nancy		3.300
	Établissement thermal, à Vittel		1.500
	Société des moteurs Dreel, à Bar-le-Duc-Longeville		1.500
	G.-H. Mumm et Cⁱᵉ (vins de Champagne), à Reims		2.600
	J. Champion et Cⁱᵉ, à Reims		7.800
	Société des glaces et verres spéciaux, à Boussois, près Maubeuge		22.000

TARIF

COUVERTURE

Le mètre

Jusqu'à 25 mètres superficiels... 6 50
De 26 à 50 mètres......... 6 »
De 51 à 100 — 5 50
De 101 à 200 — .... 5 »
Au-dessus de 200 mèt. *Prix spéciaux.*

Sable et gravier en sus.

Les vides de moins de 1 mètre ne sont pas déduits.

Transport de chaudière et accessoires dans Paris............ 6 »

ZINGAGE (zinc n° 14)

Prix basés sur le cours de 68 franc à augmenter ou à diminuer suivant les variations.

Le mèt. linéaire

Bordure d'égout................ 5 »
Bordure de rives de 0.30 devel... 2 75
Bande de solin zinc n° 12 de 0.10 devel. avec pattes spéciales coudées.................... 1 »
Cuvettes ordinaires........... 15 »

Cuvettes spéciales et travaux divers suivant difficultés.

Couvercles de cuvettes ou grilles seront comptés en plus.

TRAVAUX EN DEHORS DE PARIS

Transport, Octroi et Déplacement en sus

Se méfier des vulgaires imitations et demander le véritable Ciment Volcanique de C.-S. HAEUSLER

Devis sur Plans

ENVOI FRANCO
de Notices
Références et tous Renseignements

Se méfier des vulgaires imitations et demander le véritable Ciment Volcanique de C.-S. HAEUSLER

Paris Imp Gamichon Frères et Bisschop.

www.ingramcontent.com/pod-product-compliance
Lightning Source LLC
Chambersburg PA
CBHW060049090726
47597CB00012B/3504